Aus einer Handvoll Wäscheklammerteile entsteht das beliebteste Modell: der Schaukelstuhl. Man findet ihn überall: natur, gebeizt, bemalt, mit eingebrannten Motiven. Mit und ohne Blümchen. Alles hübsch en miniature: Schmuckstück und Blickfang zugleich. Dieser Schaukelstuhl hat nachweislich viele zum Basteln mit Wäscheklammern verführt. Vielleicht, weil man es „toll" findet, so etwas Hübsches und Selbstgemachtes zu verschenken; vielleicht auch nur, weil das Basteln damit Spaß und Entspannung verspricht. Manche haben viel Zeit; sie brauchen einen Zeitvertreib, ohne dabei viel Geld auszugeben, und doch Spaß dabei zu haben. Zudem steht danach meist etwas Fertiges auf dem Tisch, an dem sich auch andere freuen. Dazu kommt: wer mit Wäscheklammern bastelt, ist selten allein. Das Bastelfieber packt alle, die um den Wäscheklammerbeutel herumsitzen, Fünfjährige und Rentner.

Versucht man als Anfänger eine Handvoll Klammernteile passend aneinander zu legen, etwa Schräge an Schräge, so entsteht fast zwangsläufig eine Rosette. Dieses Ergebnis weckt sofort den Ehrgeiz, Dekoratives zu gestalten: etwa freibleibende Zwischenräume mit abgelängten Teilen auszufüllen, oder einen zweiten Ring nach außen hinzuzufügen. Dann ist der Sprung zur Umrandung eines runden Spiegels oder zum Wandteller nur gering.

Die ersten Erfolge ermuntern zu weiteren Taten: hier kommen die Ideen buchstäblich beim Basteln. Da entsteht ein Handwagen, ein Dorfbrunnen, ein Zweispänner. Mit Sicherheit aber auch ein Auto: Die Palette der bekannten und hier vorgestellten Modelle reicht von A wie Anhänger, über M wie Marktstand und Mühle, bis zu Z wie Zierteller.

Man kann zwar die „tollsten“ und „originellsten“ Modelle buchstäblich aus dem Wäscheklammerbeutel zaubern, aber man sollte auch rasch die Grenzen der Gestaltungsmöglichkeiten erkennen. Alles läßt sich nämlich nicht in eine wäscheklammergerechte Form umsetzen.

Wichtig ist bei jeder „Konstruktion“ die Vereinfachung und das Herausarbeiten der charakteristischen Merkmale. Sie finden hier als Beispiel einige Automodelle, in knappster Form gestaltet, aber der Autotyp ist unverkennbar. Es ist eine „Kunst“, einen Gegenstand nachzuempfinden und in eine neue Form umzusetzen – immer im Blick auf die Form der Wäscheklammer. Aber es tut zuweilen gut, nicht nur beim Basteln – hier mehr symbolisch gemeint – auf Beiwerk zu verzichten und sich auf das Wesentliche zu beschränken.

Kinder lieben besonders Spielzeug, das sie mitbasteln dürfen. Wieviele Fragen tauchen dabei auf, welche Fülle an nützlichem Gesprächsstoff bietet sich an. Machen Sie aber Spielzeug, mit dem man etwas tun kann, das „funktioniert“. Und wenn sich nur die Räder am Auto drehen, damit es sich wenigstens schieben läßt.

Die Räder des kleinen Autos sind dünne Scheiben, von einem Rundstab abgesägt, und sei's der Besenstiel. Die Räder der Pferdewagen sind schon überlegte „Konstruktionen“, die Sie hier kennenlernen.

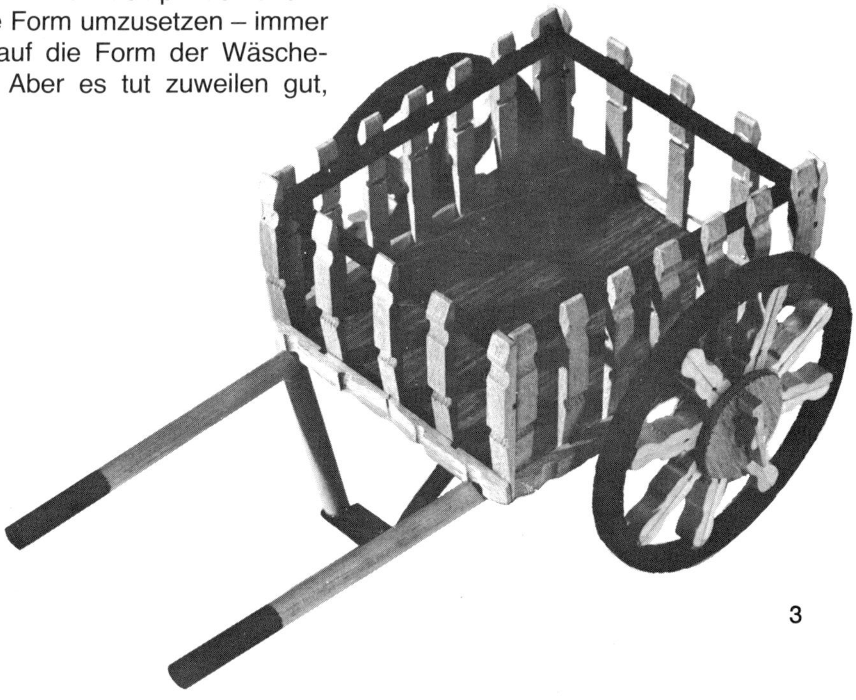

Grundsätzlich sollte man sich bei der Verwirklichung von originellen Ideen nicht scheuen, andere Holzteile hinzuzunehmen. Den Schwerpunkt sollte allerdings stets die Wäscheklammer bilden.

Man hat so seinen Stolz . . .

Wer mit Wäscheklammern bastelt, denkt meist auch an Praktisches; zum Beispiel an Geschenke. Ein hübsches Modell ist oft ein vielbewunderter Zimmerschmuck, der häufig das Gespräch auf den „Künstler" lenkt.
Wer bastelt, sollte sich Zeit nehmen. Nur keine Hektik. Entspannen Sie dabei. Freuen Sie sich über jeden guten Einfall, über eine originelle Form, die unter Ihren Händen entsteht, oder über neue „technische" Möglichkeiten, die Sie entdecken.
Jegliches „Husch-husch" vermiest die gute Laune. Aber eine wichtige Voraussetzung für den Spaß „danach", ist die Exaktheit des Aufbaus, das „sichtbare" handwerkliche Können. Klammerteile sind zwar keine Präzisionsteile, und doch läßt sich auf den ersten Blick feststellen, ob der Erbauer etwas zuwege brachte, das andere – und vor allem die Beschenkten – zu spontanem Lob veranlassen wird. Pfusch ist hier nicht gefragt.

Sie brauchen nur wenig Werkzeug

Wer mehr als nur Rosetten basteln will, muß gelegentlich Klammerteile ablängen, eine Unterlage aufs rechte Maß sägen, ein Loch bohren, aus Sperrholz eine Rundung sägen.
Dieses Grundwerkzeug ist in jedem Haushalt vorhanden, sicher auch eine feine Holzfeile, dazu Draht und Stifte. Im übrigen wird ja nahezu alles geklebt, am besten mit Ponal.

Gut geklebt ist Spaß auf Dauer

„Statiker" müssen alles ganz stabil haben; ihnen genügen die Klebestellen an den Klammerteilen nicht, sie verlassen sich eher auf eine solide Unterlage: ob bei flachen Rosetten oder beim Ziermantel um das Trinkglas.
Nichts ist ärgerlicher, als wenn sich ein Modell im Laufe der Zeit „auflöst". Es hat deshalb etwas für sich, beim Kleben „pingelig" zu sein. Ob Sie Ponal oder Pritt Alleskleber nehmen, kleben Sie sauber. Unschöne Klebespuren müssen nicht sein.

Mögen Sie's bunt oder natur?

Holz ist ein schöner, heimeliger Werkstoff. Die Maserung allein ist oft schon Ornament genug. Das für die Wäscheklammern verwendete einfache Holz, rechtfertigt jedoch durchaus eine zusätzliche Verzierung.

Hier einige Anregungen:

1. Lassen Sie alles natur

Voraussetzung: Sie suchen die Wäscheklammern vor dem Zusammenkleben aus. Sortieren Sie nach Größe

und Holzfarbe. Jedes naturbelassene Modell hat einen besonderen „Romantiklook“ und hebt sich prächtig gegen einen dunklen Hintergrund ab. Das Buch zeigt einige Beispiele. Sehen Sie sich auch das Spinnrad auf Seite 20 an.

2. Basteln Sie mit vorher gefärbten Klammerteilen

Bei manchem Modell weiß man im voraus, in welcher Farbe es am besten wirkt. Dann beizt man hell oder dunkel. Etwa im gleichen Farbton wie die Kommode, auf der das Modell stehen soll. Beize gibt es fertig zu kaufen, oder in Pulverform zum Selbstansetzen.
Wer alles gleichmäßig bunt haben möchte, kann die Klammerteile auch in Batikfarbe legen. Vorteil: gleichmäßig transparente Färbung, bei der die Holzstruktur sichtbar bleibt.

3. Sie können auch bunt anmalen

Man sollte es nicht zu „bunt“ treiben. Vor allem nicht mit deckenden Farben. Holz soll als Holz erkennbar bleiben. Malen Sie die ganzen Klammerteile deshalb stets mit lasierenden Farben an. Und das möglichst hell.

4. Malen Sie doch einmal Blümchen

Auf den Zierteller, der von der Wand her eine so betont fröhliche Wirkung ausstrahlen soll, können Sie getrost Blümchen malen. Vorlagen dazu, falls notwendig, finden Sie überall. Sie erfinden sicher selbst auch eine Idealfantasieblüte, die als Reihenmotiv leicht zu malen ist und die gut zu Ihrem Modell paßt. Aber auch abstrakte Motive sind denkbar.
Zum Malen von Motiven werden Sie deckende Farben verwenden. Im Handel gibt es geeignete Hobbyfarben.

5. Gebrannte Motive sind besonders hübsch

Dazu brauchen Sie ein spezielles Brenngerät, zu dem es Einsätze mit verschiedenen Motiven gibt. Damit Ornamente einzubrennen, ist kinderleicht. Tatsächlich macht es Kindern großen Spaß, unter Anleitung Erwachsener auf diese Weise das Gebastelte zu verzieren. Manches gebrannte Motiv sticht noch mehr ins Auge, wenn Sie da und dort – sparsam zwar – einen spritzigen Farbtupfer setzen. Nur nicht des „Bunten" zuviel tun.

6. Lack macht haltbarer

Besonders Gebrauchsgegenstände aus Wäscheklammern, denken Sie an die damit ummantelten Gläser, aus denen tatsächlich getrunken wird, müssen gegen äußere Einflüsse geschützt werden. Dabei hilft Ihnen Klarlack, den Sie mit einem Pinsel auftragen oder mit einer Sprühdose aufsprühen.

7. Blumen, die lange blühen

Der schon legendäre Schaukelstuhl ist ohne das Blumenarrangement kaum denkbar. Leuchtende Langzeitblüten und immergrün präparierte Zweige sind in großer Auswahl erhältlich. Dieser unbekümmert-fröhliche Blumenschmuck ist sehr beliebt; vermutlich gab der so geschmückte Schaukelstuhl den Anstoß zum Bau des zweiräderigen Handkarrens, der mit seiner Blumenlast inzwischen zum Lieblingsmodell avancierte.

Dieses zweite Wäscheklammerbuch bringt zahlreiche neue Anregungen. Es ist als Fortsetzung zum ersten Buch gedacht, das im gleichen Verlag erschien.
Es wird hier erneut gezeigt, welche gestalterischen Möglichkeiten in diesem Material stecken; aber auch dazu anregt, selbst zu gestalten und zu konstruieren.
Eine Vielzahl von weiteren Modellen ist möglich. Wenn Sie etwas Originelles ausgeknobelt haben, senden Sie uns doch ein Foto. Vielleicht ergibt sich die Gelegenheit zu einer erneuten Publikation, und Ihnen die Chance der namentlichen Nennung, verbunden mit Honorar.

Konstruieren Sie die verschiedensten Autotypen – zur Freude Ihrer Kinder. Hier ein Landrover, wie ihn Expeditionen in Afrika mit Vorliebe verwenden – oder ist es das legendäre Taximodell, das noch heute in London zu sehen ist?
Auch der Lastwagen mit Anhänger zeigt, mit welch einfachen Mitteln das Typische herausgearbeitet werden kann.

Das Nacharbeiten ist einfach, denn die Fotos zeigen, wie die Form aus Klammerteilen entsteht.

Naturbelassen wirken diese Modelle am besten. Sparsame Verzierungen, etwa die Andeutung der Radmuttern, der „Stern“ auf dem Kühler oder das Nummernschild, können eingebrannt werden. Die Form dieser Modelle ist so hübsch, daß auf Farbe verzichtet werden kann.

KA-L 6767

Der römische Kampfwagen – er besteht aus etwa 280 Klammerteilen – ist schmuck anzusehen. Die eingebrannten Motive passen gut dazu. Die beiden Detailfotos zeigen die Konstruktion von Rad und Achse, sowie die Befestigung der Deichsel.

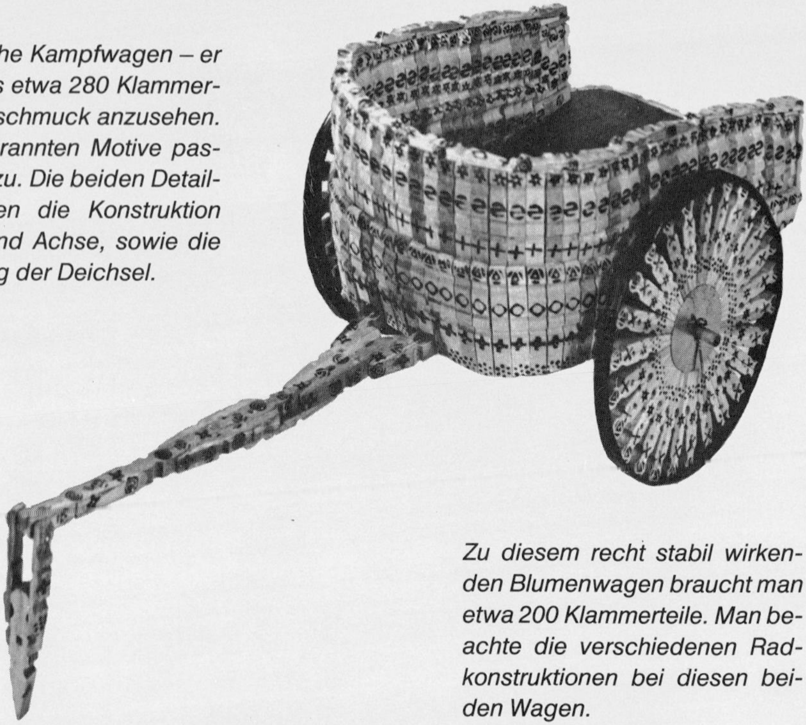

Zu diesem recht stabil wirkenden Blumenwagen braucht man etwa 200 Klammerteile. Man beachte die verschiedenen Radkonstruktionen bei diesen beiden Wagen. ▶

Dieser elegante Zweispänner verdient besondere Beachtung. Der Bau setzt handwerkliches Geschick voraus, aber auch Freude am Improvisieren und eine gute Beobachtungsgabe. Der Wagen wirkt so echt, als bestünde dieser Wagentyp in Wirklichkeit aus Klammerteilen. Hier sind es 180.

Die Konstruktion der Räder ist stabil und gekonnt. Wie man Deichsel und Räder befestigt, sowie Einzelheiten der Konstruktion des Aufbaus, zeigen die Detailfotos.

Die charakteristischen Einschnitte sind ein dekoratives Element beim Gestalten von Flächen. Die viereckige Schatulle zeigt, wie lebendig die Längs- und Queranordnung beim Deckel wirkt. Originell gelöst ist der Griff aus kurz gesägten Klammerspitzen. Die runde Schatulle ist auch ohne jede zusätzliche Dekoration recht hübsch. Das Foto zeigt sehr deutlich, welche „Kunstkniffe" notwendig waren, um den sich zwischen den Klammern ergebenden Spalt mit Keilen auszufüllen. Der Griff sitzt auf einem rund gesägten Sperrholzbrettchen, das die Öffnung im Deckel abdeckt. Für den unteren Teil wird ein runder Behälter verwendet, auf dessen Außenwände Wäscheklammern geklebt werden.

Die beiden Fotos rechts zeigen Konstruktion und Aufbau eines dekorativ wirkenden Leuchters. Wie die Klammern des Fächers übereinandergeklebt werden, sieht man auf dem unteren Bild. Brandmalerei steigert hier die ornamentale Wirkung beträchtlich.

Zwei Oldtimer - Flugmodelle, Hubschrauber und Zweidecker, als Anregung.

Bauen Sie ähnliche Modelle. Es gehört ein wenig Fantasie dazu, aber auch die Fähigkeit, die charakteristischen Merkmale eines Modells trotz der Starre des Materials, sichtbar zu machen.
Ein zu einem Möbelstück passend gebeizter Hubschrauber mit einigen leuchtenden Trokkenblumen, findet immer wieder seine Abnehmer.

Lastwagen mit Anhänger, dunkel gebeizt, hier geschmückt mit bunten Trockenblumen und Früchten: ein Geschenk, das von Vater und Sohn gern aufgestellt wird. Autos lassen sich auf vielerlei Art konstruieren. Die besten Ideen kommen sicher beim Bauen ...

Ein schmucker Wandteller; zufällig entstanden aus einer Rosette, deren äußere Reihe der Klammernpaare nach hinten geneigt wurde – wie das Bild zeigt –. Da es sich um ein Zierstück handelt, sollte man sich Zeit für die eingebrannten oder aufgemalten Dekore lassen. Wen die nicht genau abschließenden Spitzen in der Mitte stören, überklebt diesen Kreis mit einem ausgesägten Sperrholzbrettchen.

Der Güterzug ist schon zusammengestellt. Gleich fährt die Lok vor und hängt die drei Wagen an.
Die Fotos zeigen in allen Details, wie Wagen und Lok gebaut werden.
Ein ganz großer Spaß für Kinder.

Spinnrad und Leiterwagen: zwei Supermodelle als Anregung für eigene Experimente. Die verschiedenen Ansichten „verraten", wie's gemacht wird.

Ein Fort im Westernstil. Es ist alles da, was dazugehört, und wie wir es aus alten Filmen kennen. Wer Lust hat, etwas Ähnliches zu basteln, findet in den Detailfotos konstruktive Anregungen. Gebäude und Umzäunung sind gebeizt; die grün gestrichenen Dächer passen gut dazu.

Wohl nur Opas verfügen über soviel Hingabe und Ausdauer, um mit etwa 2000 Wäscheklammern ein solch aufwendiges Modell zu basteln.
Eine prächtige Mühle, wie aus dem Märchenland. Ein Elektromotor dreht die Windflügel; der Flaschenzug funktioniert, auch lassen sich alle Türen öffnen.

Wände und Dach der Mühle erhalten durch das Übereinanderkleben der Klammerteile eine interessante Struktur.
Auch das Wasserrad ist originell zusammengefügt; es wird von einem kleinen Elektromotor angetrieben. Die eingebrannten Ornamente betonen den Spielzeugcharakter.
Die Wasserwanne wird aus nicht zu dünner Aluminiumfolie geformt und mit Klammerteilen beklebt. Die Folie läßt sich leicht auf Wäscheklammerhöhe abschneiden.

Der mit Blumen und Kerzen geschmückte Schlitten ist als Tischdekoration gedacht. Nicht nur für die Weihnachtstafel – auch das Jahr über gilt dieser mit Süßigkeiten beladene Schlitten als Zugabe zu einem fröhlichen Ereignis.

Die leichte Wölbung der Streben dieses Kerzenleuchters ergibt sich durch Aneinanderkleben einer schrägen und einer geraden Fläche der Klammerteile. Als Kerzenhalter kann man kleine Dosen oder Papprohre verwenden, die mit gekürzten Klammerteilen beklebt werden. Brandmalerei wirkt auch hier sehr dekorativ. Aber versuchen Sie es doch mal mit leuchtenden Popfarben und einfachen weißen Kerzen!

Diese Hängelampe macht nur des harten bildlichen Kontrastes wegen einen so massigen Eindruck. Im Zimmer aufgehängt, wirkt sie hell und freundlich.
Die Konstruktion mag etwas verspielt sein. Hier aber wurde versucht, mit den Mitteln der ungefügen Wäscheklammer eine möglichst ornamentale Lösung zu finden. Besonders bei den seitlich weit ausladenden Verstrebungen kommt dies deutlich zum Ausdruck.
Bemerkenswert ist der gewölbte, sich nach oben verjüngende Aufsatz. Das Licht scheint seitlich nach oben und nach unten. Damit durch die Aussparungen des Aufsatzes Glühbirne und Fassung nicht sichtbar werden, kann man die Lampe auch mit einem hellen, farbigen Stoff auskleiden.

Das zweite Foto läßt in die Lampe von unten blicken. Hier sieht man, wie die Rundung entstand, und wie originell die Klammern zum Unterteil der Streben zusammengefügt wurden.

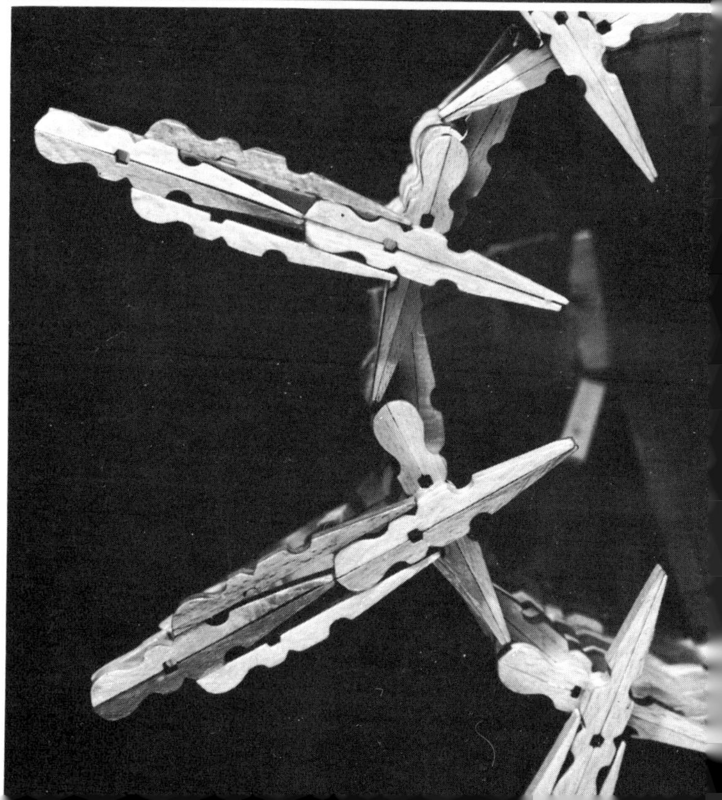

Ein Aussichtsturm vermag die Fantasie der Kinder anzuregen. Dieser Turm ist 4 Wäscheklammern hoch – rings um die Pappröhre geklebt. Darüber die Aussichtsplatte mit Aufbau. Wichtig das Geländer. Unten müßte der Eingang zu sehen sein. Das Fundament läßt sich auf vielerlei Art recht ornamental gestalten.
Die Aufnahme von der Aussichtsplatte zeigt die Konstruktion in allen Einzelheiten.

Autos zum Spielen, Autos als Tischdekoration bei der Geburtstagsparty. Aber ohne Autos geht es nicht. Das Material zwingt zu einer einfachen eckigen Form, die trotzdem die charakteristischen Merkmale erkennen läßt: Personenwagen oder LKW. Kühlerhaube und Kofferraumdeckel sind zum Öffnen. Die Räder müssen rund sein und sich drehen. Zur Not sägt man sich Scheiben von einem ausrangierten Besenstiel ab. Kinder freuen sich, ihre Autos nach eigenen Vorstellungen selbst bemalen zu dürfen. ▶

Solche rustikalen Trinkgefäße sind nicht nur Schmuckstücke Ihrer Hausbar, man kann auch daraus trinken. ▶
Ein Keramikkrug und kleine Trinkgläser wurden hier mit Klammerteilen beklebt. Eine schmückende Kordel, durch die Rille gezogen und fest verknotet, verleiht dem Wäscheklammer-Mantel auf dem glatten Glas einen festeren Halt.

Ein Blumenkasten zur Befestigung an der Wand. Dazu mußten stabile Träger konstruiert werden. Das Grundbrett wurde aus Sperrholz gesägt. Der Blumenkasten wirkt durch die versetzt angeordneten Klammerteile fast wie Flechtwerk. Die hintere Wand ist hochgezogen. Auch hier bildet ein Sperrholzbrett die Unterlage.
Solche Blumenbehälter, innen zum Schutz gegen Feuchtigkeit entsprechend ausgeschlagen, und außen matt lackiert, lassen sich in vielen Formen basteln.

Der Traktor steht einsatzbereit auf dem Rasen. Die massige Bauweise vermittelt einen Eindruck seiner Kraft. Hier ist an vieles gedacht, was an einem Traktor typisch ist: wuchtige Achsen zur Kraftübertragung, geländegängige Räder, der in der Proportion gut gelungene Motorblock, ein überdimensionales Auspuffrohr, Fahrersitz mit Überdach.

Wer findet eine bessere Lösung?

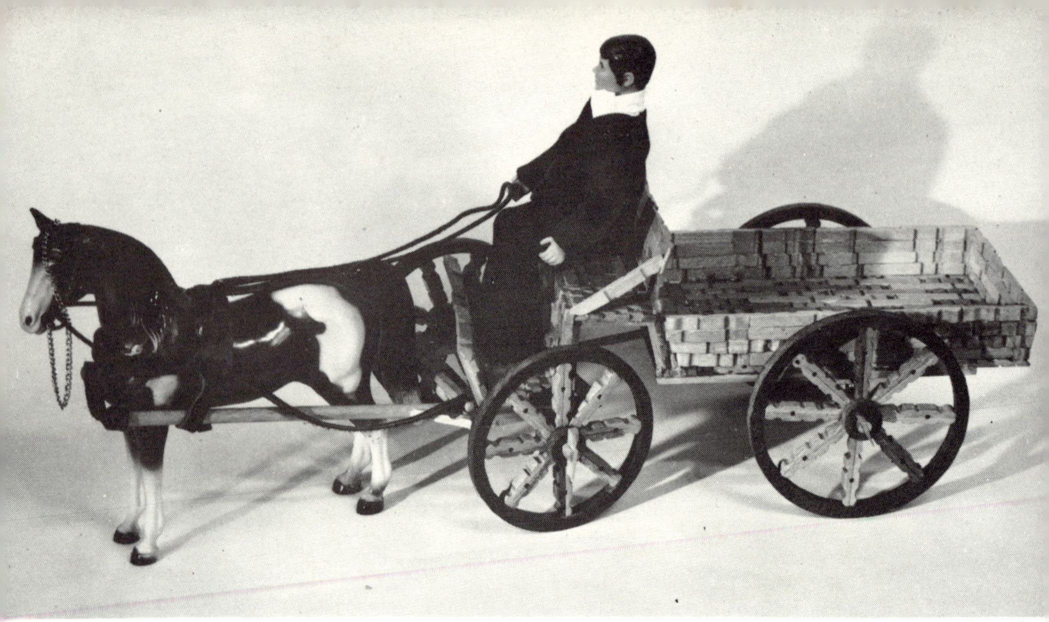

Drei Fotos, die zeigen, wie dieser Einspänner-Pritschenwagen gebaut wurde. Ein funktionstüchtiges Spielzeug, das nicht nur Kinder bewundern.

In Verbindung mit Farbe belebt die eigenwillige Form der Klammerteile – hier besonders betont durch wohlüberlegtes Arrangieren – dieses moderne Wandbild. Die Klammerteile wurden vorher mit Bastelfarbe angestrichen. Mit nur 6 verschiedenen Farben, und einer gut ausgewogenen Plazierung, konnte eine beachtliche Wirkung erzielt werden. ▶

Arnica montana

Eine einfache Wiege, die man gemeinsam mit Kindern basteln sollte. Der Aufbau mit den aneinandergereihten Klammerpaaren ruht auf einem zurechtgesägten Unterteil mit Abrundungen zum Wiegen.
Die Vorhangstange wird von dekorativ gestalteten Verstrebungen getragen.

Es ist noch gar nicht so lange her, daß Bauern mit solchen Kutschen in die Stadt zum Einkaufen fuhren. In manchen Orten findet man diese Kutschen noch zur Freude der Touristen als Ausflugswagen für kurze Strecken.
Dieser perfekte Nachbau, der alle Details genau wiedergibt, läßt fast vergessen, daß hier nur mit Wäscheklammern gebastelt wurde.

Handwagen und Schubkarren, kleine Bütten und Blumengefäße für Trockenblumengestecke sind beliebte Geschenke zum Mitbringen. Diese Modelle sind hell gebeizt. Der Reifen für das Rad am Schubkarren wurde aus Sperrholz ausgesägt und schwarz bemalt.
Die Räder der Handwagen werden als Scheiben aus Ästen gesägt. Sie müssen sich nicht drehen lassen und können daher fest an die Achse geklebt werden.

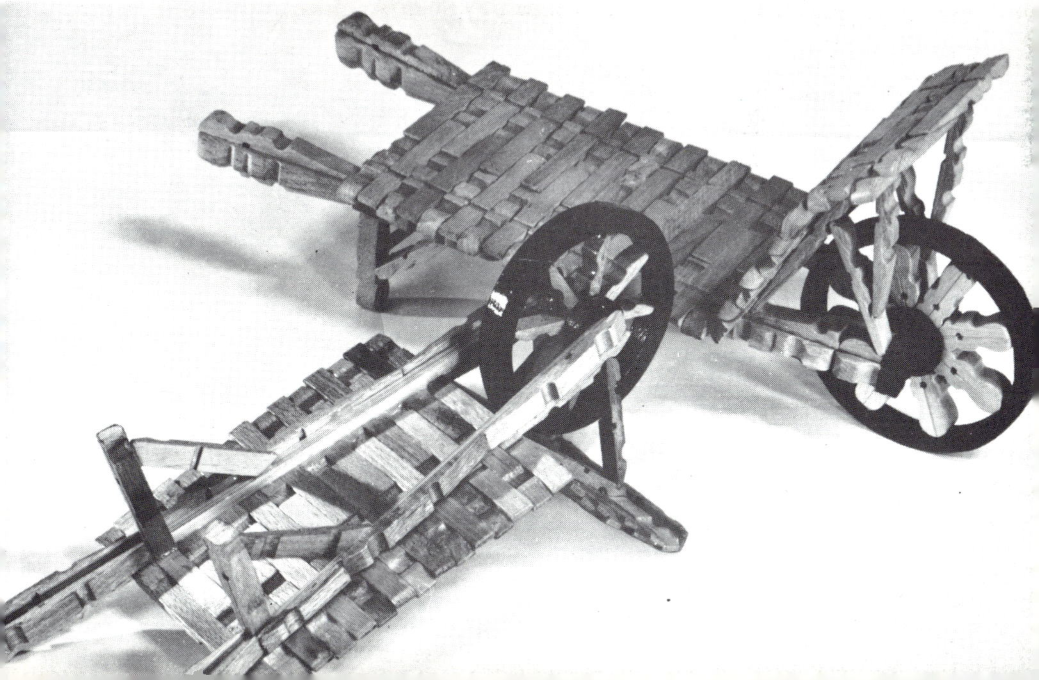

Hängende Blumenkübel aus Wäscheklammern: die Visitenkarte eines begeisterten Bastlers im Hausgarten.

Der Brunnen, mit oder ohne Blumen, zum Teil auch mit funktionierender Seilwinde und blumengefülltem Kübel, ist eines der am meisten gebauten Modelle. Man braucht dazu, je nach Modell, zwischen 150 und 200 Klammernteile.
Bei diesem Modell kann man der Fantasie freien Lauf lassen. Interessant sind die verschiedenen Dachkonstruktionen.
Verzierung ist möglich durch Beizen, Motive einbrennen und Bemalen.

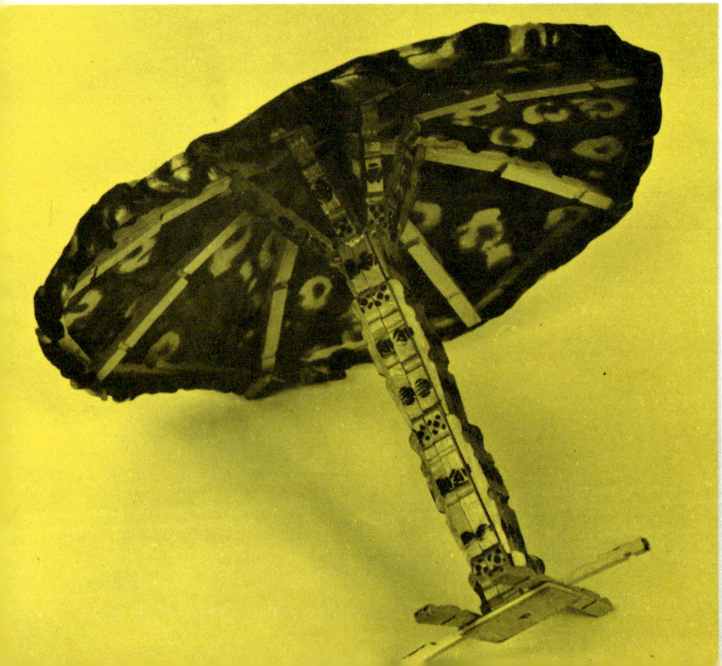

Unter diesem Sonnenschirm hat eine ganze Puppenfamilie Platz. Er steht fest auf dem Boden. Durch das Übereinanderkleben am abgeschrägten Klammerteil wird die leichte Wölbung erzielt, auch ergibt sich dadurch eine beträchtliche Spannweite.
Mit etwas Geschick näht man aus einem bunten Stoffrest eine lustige Bespannung.

Keine zwei Dutzend Klammerteile – und schon entsteht die perfekte Illusion eines typischen Marktstandes. Davor die Marktfrau, die mit einladender Gebärde ihre Früchte anpreist.

Ein roter Karton als Dach, rote Hagebutten des Blickfangs wegen als Früchte und für die adrette Marktfrau ein bunter Stofffetzen.

Dieses einfache Modell demonstriert überzeugend, daß sich mit Überlegung und originellen Einfällen – und sei's auch nur mit Wäscheklammern – beachtliche Dinge basteln lassen.

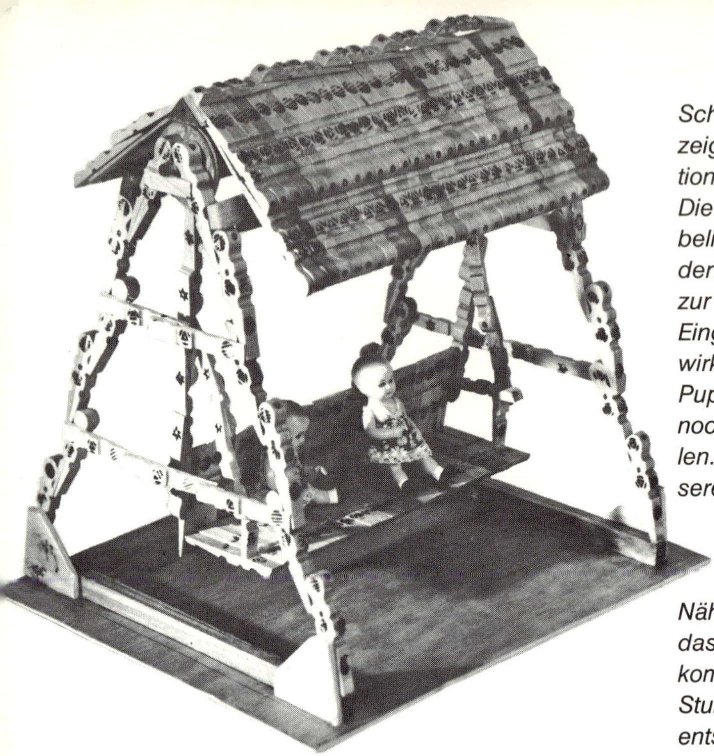

Schaukel und Puppenwiegen zeigen hier zwei Dachkonstruktionen.
Die Schaukel schwingt frei: ein beliebtes Spielzeug für Kleinkinder. Ein Grundbrett mit Leisten zur Verstärkung ist unerläßlich. Eingebrannte Stempelmotive wirken hier recht dekorativ.
Puppenwiegen lassen sich auch noch auf andere Weise herstellen. Es macht Spaß, eigene bessere Lösungen zu finden.

Nähutensilien: ein Geschenk, das bei allen Frauen gut ankommt.
Stuhl und Handkarren werden entsprechend der Wohnungseinrichtung gebeizt.

Puppenstubenmöbel entstehen am besten unter Beihilfe der Kinder.

Die Fotos zeigen wie man's macht.

In Höhe und Durchmesser nett aufeinander abgestimmte Behälter für Schreibtischutensilien. Die Klammerteile werden auf eine Unterlage geklebt. Hier bieten sich besonders Papprohre an, die man sich in der Länge leicht zurechtsägen kann. Solche Behälter für den Schreibtisch könnte man getrost noch dekorativer gestalten, denn neben ihrem Zweck haben sie auch noch eine schmückende Funktion.

Wandbilder aus Wäscheklammerteilen sind dankbare, meist stark beachtete Objekte. Hier wurde mit ganz einfachen Mitteln ein Vogelkopf gestaltet, fantasievoll bunt, und witzig gelegt. Die Farben sind gut aufeinander abgestimmt. Die Klammern wurden vorher in Batikfarbe gefärbt. Solche Wandbilder verraten künstlerisches Einfühlungsvermögen in Form und Material.